U0178937

善变的地球

蓝灯童画　著绘

读者出版传媒股份有限公司
甘肃科学技术出版社

冷却变重

太阳光照射到地面上，地面温度升高，地面上的空气受热膨胀上升。热空气上升后，低温的空气横着流过来。上升的热空气逐渐冷却，变重，降落到地面上，之后又受热上升。这种空气的流动就形成了风。

受热膨胀

风是空气流动引起的自然现象。

风力发电是把风的动能转为电能。

许多植物借风传粉和授粉。

无论是动植物，还是人类，都在受到风的影响。

龙卷风是一种直立空管状的旋转气流，非常猛烈，破坏性极强，甚至能把汽车卷到空中。

龙卷风可能发生在陆地上，也可能发生在大海上。它很难预测。

风能带来积极影响，也能产生破坏作用，比如龙卷风、台风等自然风暴。

飓风和台风都是指风速达到每秒 33 米以上的热带气旋。由于发生的地点不同，它被不同地区的人们冠以不同的称呼。

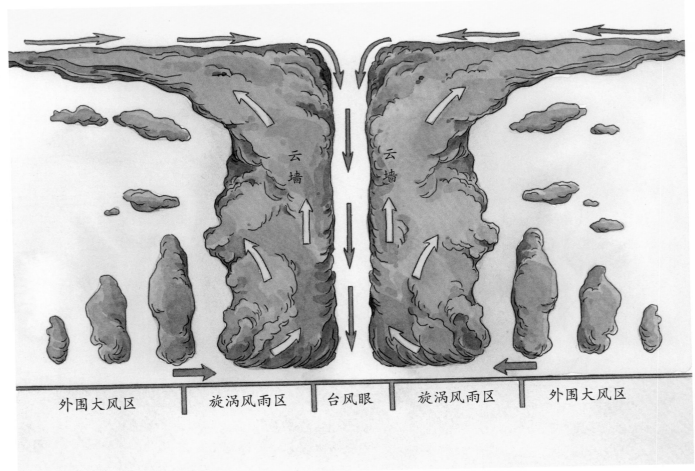

云墙　　云墙

外围大风区　　旋涡风雨区　　台风眼　　旋涡风雨区　　外围大风区

　　跟随台风而来的是暴雨，猛烈的风雨会对沿海地带造成很大的破坏，然而奇怪的是，台风眼里往往风和日丽。

云主要有三种形态：一大团的积云、一大片的层云和纤维状的卷云。

积云

层云

卷云

　　地上的水受热蒸发上升，遇到冷空气后凝结成小水滴或冰晶，并聚在一起，这就形成了云。

云层挡住了炎热的阳光，避免地球过热，又阻止了地表热量过多地散发到空中，因此，云是地球的保温层。

观察云的形状和颜色可以预测天气。

云是地表水循环的重要环节。它们飘在空中，为维护地球的生态系统起了巨大作用。

帽子云：荚状云的一种，是由稳定的上升气流越过高峰，冷却后形成的。

航迹云：是由飞机尾气造成的云。它是云家族中的新成员，是一种人工云。

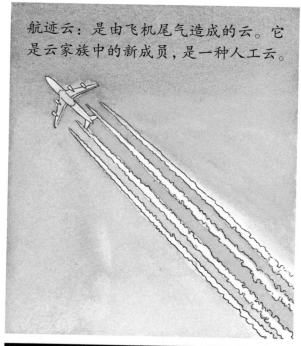

雨幡洞云：天空像破了一个洞，它的形成原因与飞机有关。

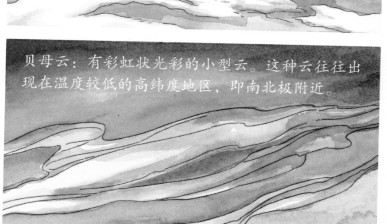

夜光云：出现于高纬度地区高空的一种发光而透明的波状云。

贝母云：有彩虹状光彩的小型云。这种云往往出现在温度较低的高纬度地区，即南北极附近。

云的形成原因是一样的，但不同的气象条件造就不同形状的云。

　　黑压压的乌云、绚丽多彩的贝母云、美丽的朝霞和晚霞，都是由水汽组成的。它们所在高度、自身的厚度以及光线条件的不同，让它们呈现出千变万化的色彩。

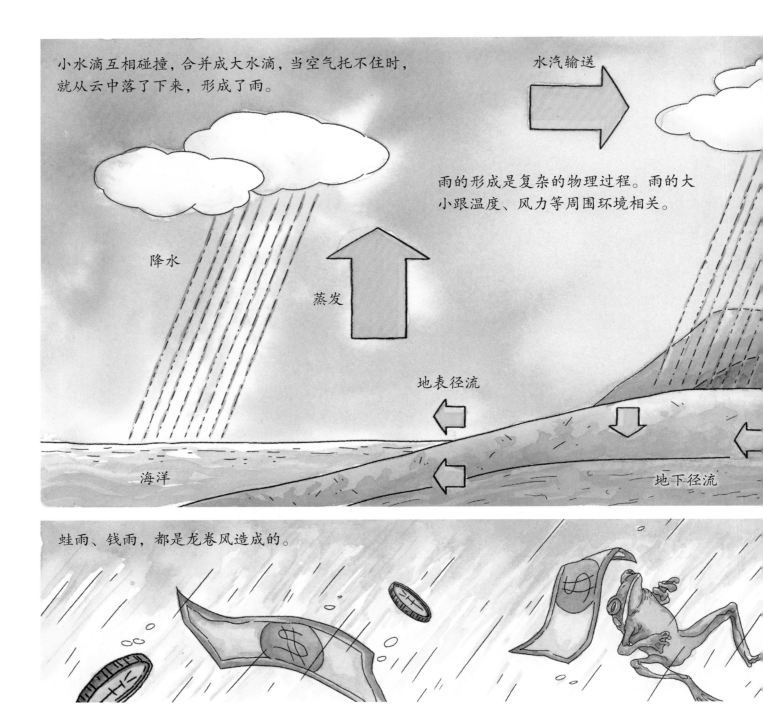

小水滴互相碰撞，合并成大水滴，当空气托不住时，就从云中落了下来，形成了雨。

水汽输送

雨的形成是复杂的物理过程。雨的大小跟温度、风力等周围环境相关。

降水

蒸发

地表径流

海洋

地下径流

蛙雨、钱雨，都是龙卷风造成的。

　　水汽蒸发变成了云。云里的小水滴越聚越大，变成雨落到地面上来。这是地表最基本的水循环。

降水

植物蒸腾

蒸发

下渗

雨，是地球不可缺少的一部分，是几乎所有的远离河流的陆生植物补给淡水的唯一方法。

大雨导致山洪。

适量的雨水有利于植物的生长，但下得过量就可能会引发水灾。

云层里的小水滴遇到寒冷的空气直接凝华成冰晶，冰晶慢慢变大，形成雪花。

雪花落到地上会吸收热量融化，所以，这时的地面温度比下雪时低，这就是人们常说的"下雪不冷化雪冷"。

大雪中含有大量的氮素，冬天田地里面的农作物可以吸收这些氮素，促进生长。雪还有消灭真菌和细菌、给地面保温保湿等作用。

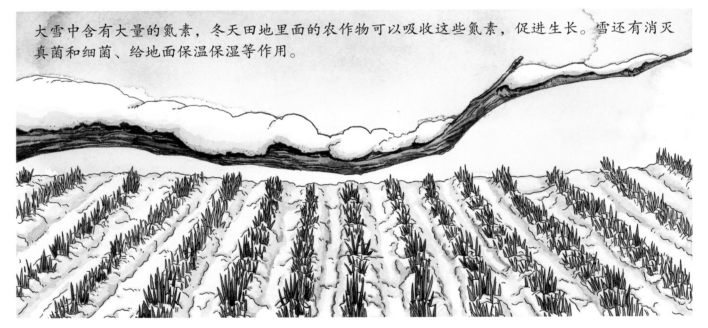

降雪也是一种降水。当空气足够冷，雨就变成了雪。雪融化之后，又变回了水，流回大地。

虽然每片雪花的形状不一样，但大部分雪花都有 6 个角，这是由水分子结合排列的方式决定的。但是也有特殊，如果两片雪花粘在一起，就可能有 12 个角。

雪通常呈白色，因为可见光是白色的。但不同的环境因素，雪也会呈现不同的颜色。

　　雪花常见的形状有辐射状和恒星状，但还有棱柱状、针状和空心板状的雪花。雪花形状的形成，受到包括温度在内的各种因素的影响。

冰雹也叫"雹"，夏季或春夏之交最为常见。它是一些小如绿豆、黄豆，大似栗子、鸡蛋的冰粒。

冰雹来自积雨云，当云中的雨点遇到猛烈上升的气流，被带到0℃以下的高空时，便成了小冰珠；随着含水汽的上升气流增大，小冰珠逐渐变大，就可能形成大冰雹。

　　冰雹来时常伴随着乌云滚滚、电闪雷鸣。特大的冰雹甚至能摧毁建筑物和车辆，具有强大的破坏力。雹灾是严重的自然灾害之一。

霜是地面空气中的水蒸气在物体表面的凝华现象。

霜的形成需要两个基本条件，一是空气中含有比较多的水蒸气；二是有零度以下的物体。

霜由冰晶组成，和露的形成原因差不多，都是空气中的相对湿度达到100%时，水分从空气中析出的现象。

霜通常是在晴朗无云的夜里悄悄出现，当太阳升起时，或化为水流入泥土，或蒸发到空气中。

雷电是伴有闪电和雷鸣的一种壮观而又有点令人生畏的放电现象。

雷电一般产生于对流发展旺盛的积雨云中，因此常伴有强烈的阵风和暴雨，有时还伴有冰雹和龙卷风。

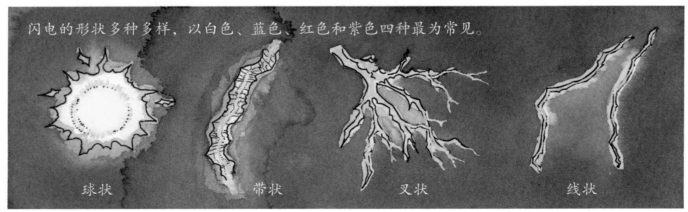

闪电的形状多种多样，以白色、蓝色、红色和紫色四种最为常见。

球状　　　　带状　　　　叉状　　　　线状

雷电是一种危险的自然现象。当雷雨来临，应该尽量待在室内；如果在室外，应该远离树木、烟囱、输电线等。

彩虹是气象中的一种光学现象。当阳光照射到半空中的水珠时，
光线被折射及反射，在天空上形成拱形的七彩光谱。

观察彩虹时要背对太阳。彩虹的明显程度，取决于
空气中水滴的大小：水滴体积越大，形成的彩虹越
鲜亮；水滴体积越小，形成的彩虹就越不明显。

　　彩虹为什么是拱形而不是圆形？因为我们是站在地面上观察，彩虹的下半
部分被地平线遮住了，如果我们从空中看，彩虹就是完整的圆形。

太阳的带电粒子被地球南北极的磁场吸引，进入极地的高层大气时，与大气中的原子和分子碰撞，极光就产生了。

极光有时候一闪而过，有时候存在几个小时。五彩缤纷，绚丽无比。

海市蜃楼，简称蜃景，是一种光学现象。

海世蜃楼多数发生在沙漠和大海中。

热空气上升，使太阳光发生折射，就产生了海市蜃楼。

强风、局地热力不稳定和沙源是沙尘暴
形成的三个重要条件

沙尘暴是沙暴和尘暴的总称，是荒漠化的标志。

沙尘暴是灾害性天气现象。

加强环境保护，恢复植被，防沙治沙
是沙尘暴防治的重要措施。

植被遭到破坏，大量沙尘裸露在地表，增加了沙尘暴的发生概率。

雾霾由雾和霾组成。出现雾霾时，空气中的灰尘、硫酸、硝酸、有机碳氢化合物等粒子使大气混浊。

工业排放是雾霾产生的主要原因。

低碳出行

低碳出行，减少温室气体排放，能够有效降低雾霾天气发生的概率。

人工降水，又称人工增雨，是指根据自然界降水形成的原理，人为补充某些形成降水的必要条件，促进雨滴的形成。

中国最早的人工降雨试验在1958年，吉林省遭受60年未遇的大旱，人工降雨获得了成功。

遇到干旱天气，又迟迟没有降雨，人们往往采取人工降雨的方式缓解干旱。

测量降水量的工具叫雨量器。

风速仪

风向袋

观察和记录云的形状，可以预测未来天气状况。

日常测量风的仪器主要包括风速仪和风向袋。前者转速越快，表明风速越快。后者能直观地观察到风向。

气象观测是气象工作和大气科学发展的基础。通过对气象的观测和记录，可以更好地预测天气。

原始人通过采集野果、狩猎和捕鱼来填饱肚子。

原始人并不了解自然现象发生的原因和规律，对自然天气现象充满敬畏。

原始人依赖自然环境生存，或者狩猎，或者捕鱼，或者以简单的自然农业为生。

远古时期的人类还不能为了生存而大规模地改造自然环境。

坎儿井是古代人民智慧的结晶，距今已有两千多年的历史，这是根据当地地形特点构建的一种特殊的灌溉方式。坎儿井与万里长城、京杭大运河并称为中国古代三大工程。

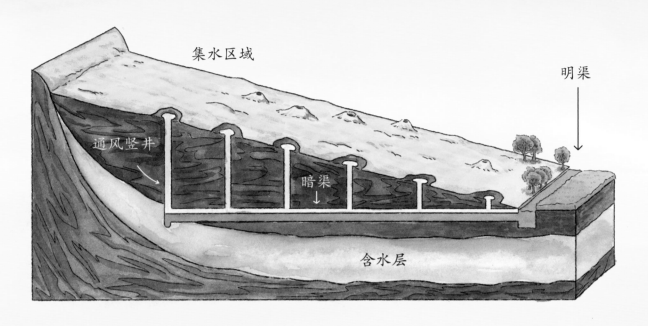

集水区域

明渠

通风竖井

暗渠

含水层

坎儿井主要为了利用
地下水资源。

随着农业文明的发展，人们开始通过改造自然环境，让粮食增收。
在新疆，人们发明了坎儿井这样的灌溉系统。

梯田是在坡地上分段沿等高线建造的阶梯式农田。中国的梯田主要分布在广西、云南一带。因为这些地方有很多山，也经常下雨，梯田依山而建，体现了农民的劳动智慧。

中国早在两千多年前就已经开始修建梯田了。梯田的发明解决了丘陵地带的粮食种植问题。

在多雨的山区，梯田既能防止雨水把土壤冲走，又能储存庄稼生长所需要的水源。

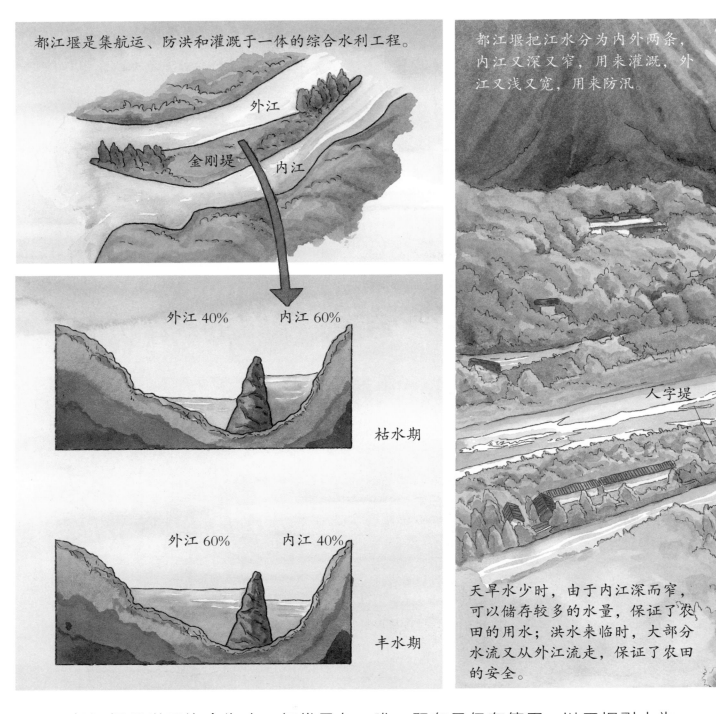

都江堰是集航运、防洪和灌溉于一体的综合水利工程。

外江

金刚堤

内江

外江 40%　　内江 60%

枯水期

外江 60%　　内江 40%

丰水期

都江堰把江水分为内外两条，内江又深又窄，用来灌溉，外江又浅又宽，用来防汛。

人字堤

天旱水少时，由于内江深而窄，可以储存较多的水量，保证了农田的用水；洪水来临时，大部分水流又从外江流走，保证了农田的安全。

都江堰是世界迄今为止，年代最久、唯一留存且仍在使用，以无坝引水为特征的巨大水利工程。

外江

鱼嘴

金刚堤

飞沙堰

内江

宝瓶口

离堆

都江堰巧妙地利用自然环境，以河流和地势本身的特点，进行引导和改造。

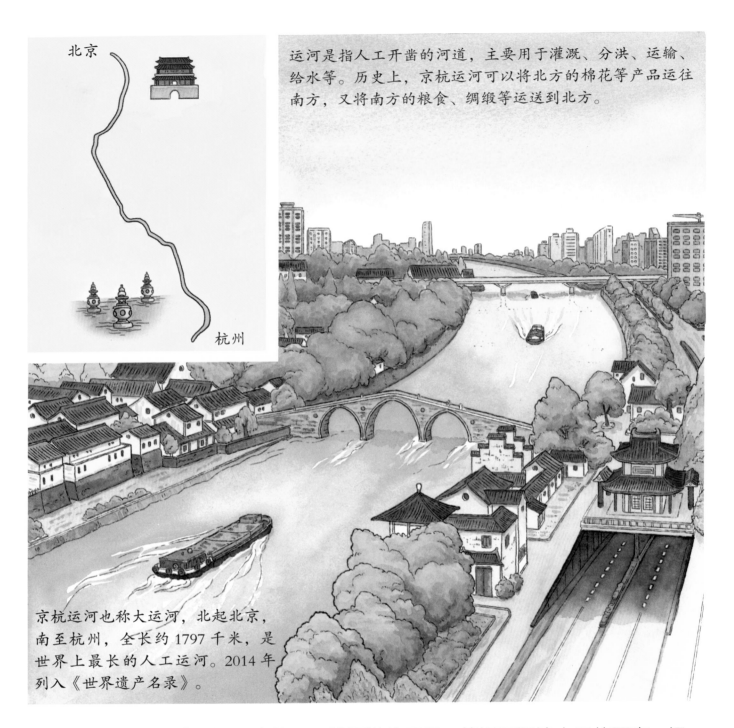

运河是指人工开凿的河道，主要用于灌溉、分洪、运输、给水等。历史上，京杭运河可以将北方的棉花等产品运往南方，又将南方的粮食、绸缎等运送到北方。

京杭运河也称大运河，北起北京，南至杭州，全长约 1797 千米，是世界上最长的人工运河。2014 年列入《世界遗产名录》。

北京

杭州

　　人类通过开凿运河，弥补了天然河道的不足，缩短了河流水系的距离。运河既能运送货物，还能防洪、泄洪以及灌溉农田。

荷兰以海堤、郁金香花田和风车闻名，它有五分之一的土地是通过围海造田得来的。

荷兰曾经常遭受海水侵袭，当地的人们为了改变这一现状，建造了拦海大坝，还通过填海的方式开垦土地。

核武器爆炸时威力巨大。

核弹爆炸产生的核辐射使周边的生物遭受灭顶之灾，放射性物质渗透进土壤中，几乎无法消除。

科技的进步，让人类拥有了无比强大的武器，比如核弹，然而这种武器过于强大，会对自然环境造成巨大破坏。

宾汉姆峡谷露天矿，是美国最大的露天铜矿，也是当前世界上最大的人工挖掘矿坑。

当地面上的物产满足不了人类的欲望时，人类开始探索地下的世界。美国挖了一百多年的铜矿，把一座大山挖成了一个巨大的矿坑。

臭氧层是地球外围一层由臭氧构成的保护层。其浓度最大的一层离地面20~25千米。臭氧能吸收紫外线,保护地球上的生物。

20~25 千米

紫外线辐射

臭氧是一种淡蓝色的,有特殊气味的气体。

臭氧层是地球的保护伞,极易受到人类活动的破坏。

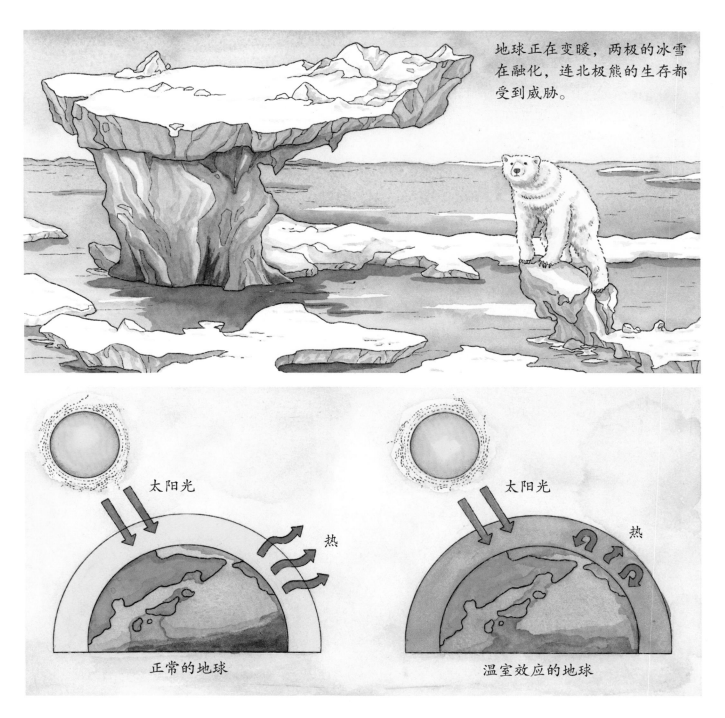

地球正在变暖，两极的冰雪
在融化，连北极熊的生存都
受到威胁。

太阳光

热

正常的地球

太阳光

热

温室效应的地球

温室效应是由二氧化碳、水蒸气和其他温室气体所造成的暖化效应。

由于海水温度升高，形成珊瑚礁的造礁石珊瑚无法承受过高的水温，逐渐白化和死亡。

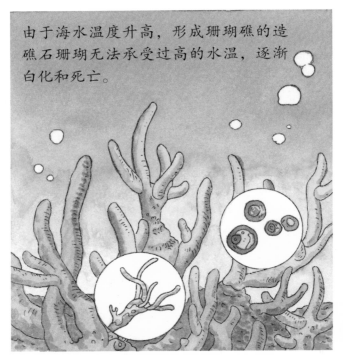

死去的珊瑚会失去原本五彩缤纷的美丽颜色，只剩下白色的石灰质骨骼。这种褪色的现象也叫"白化"。

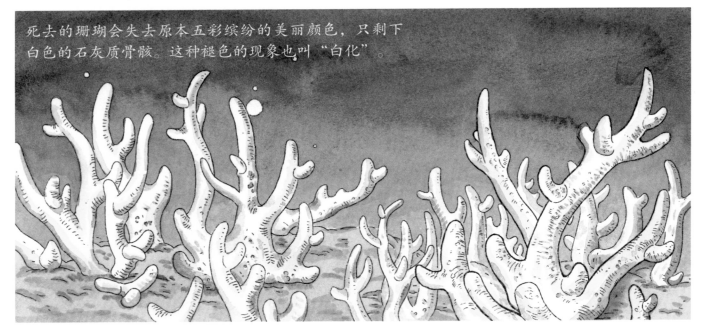

全球气候变暖造成的影响不但发生在陆地上，海底的情况也不容乐观。

"太平洋垃圾岛"位于美国加利福尼亚州与夏威夷间的海域，这个巨型"塑料旋涡"形成了东太平洋上的垃圾场。

很多垃圾很难被大自然降解，被丢弃到海洋后，会对海洋动物造成致命伤害。

沙漠化是指土地慢慢变成荒漠、沙漠的过程。植被破坏后，土壤受到风力侵蚀，会加速这一过程。

滥垦草原、过度放牧等不合理的生产活动会导致沙漠化。

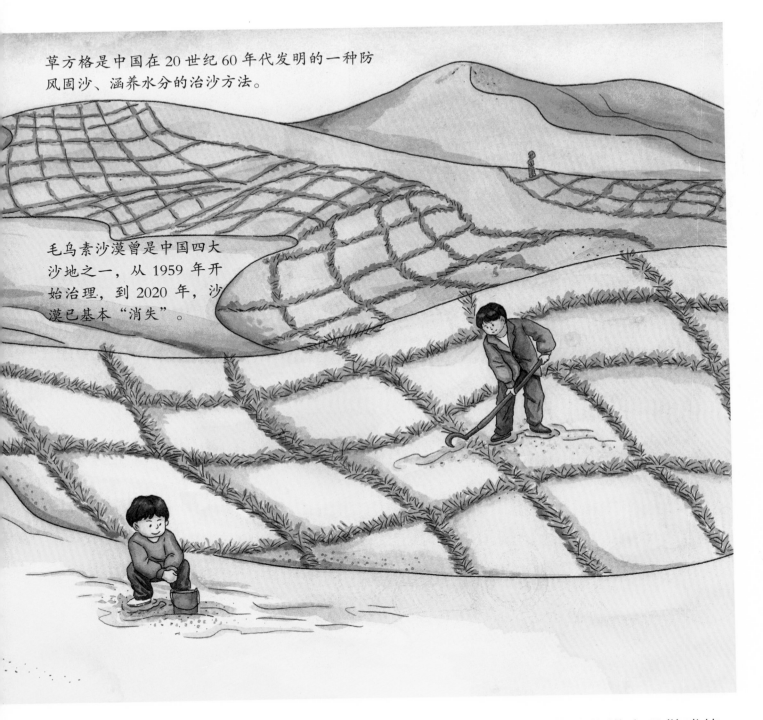

草方格是中国在 20 世纪 60 年代发明的一种防风固沙、涵养水分的治沙方法。

毛乌素沙漠曾是中国四大沙地之一，从 1959 年开始治理，到 2020 年，沙漠已基本"消失"。

　　在与荒漠化斗争的漫长岁月里，"草方格"这种用干麦草扎进土里做成的格子，成功地固定了飞沙，被称为"中国魔方"。

远古时期,地球比较温暖,人类的祖先直接住在野外。

有时候,也住在洞穴里。

原始时期的人类还不会盖房子。

为了更加舒适和安全，人们开始自己建造房屋。

窑洞是中国西北黄土高原古老的居住形式，这一"穴居式"民居的历史可以追溯到四千多年前。

高脚屋自古以来就是气候潮湿、雨量充足的热带与亚热带地区十分普遍的民居形式。

人们建造了各式各样的房屋。

在大风呼啸的内蒙古高原，游牧民族需要经常搬家，他们住在不怕风吹又能方便移动的蒙古包里。

在寒冷的北极圈，因纽特人住在用冰雪盖成的圆顶冰屋里。

由于居住环境或生活习惯的不同，人们建造的房屋也各不相同。

为了适应城市人口爆炸式的增长，
人们不得不盖起了高楼大厦。

这是我们生活的城市，就像一座巨大的由钢筋水泥建造的森林。

保护生态环境的方式有很多，比如开发和利用清洁能源，倡导低碳生活，做好垃圾分类等。

未来，你想住在"钢筋水泥"的森林，还是绿意盎然的森林？

如果要和大自然交朋友，就必须加倍地爱护她。

奇特的茎叶

美丽的花草

植物的馈赠

不一样的植物

史前动物与身边动物

沙漠动物与水中动物

极地动物与热带动物

地上和地下的动物王国

汽车飞机跑得快

轮船列车肚量大

工程机械好帮手

让一让城市作业车

花样主食和糕点

蔬菜水果要多吃

肉类水产营养多

大豆和调味品的秘密

海洋生物大揭秘

另类海洋生物

海底宝藏探秘

不可捉摸的海洋

奇妙的身体和衣服

身边的科学

物品哪里来

神奇电器仿生学

神奇的地球

善变的地球

地球和恒星

从银河系到宇宙

图书在版编目（CIP）数据

善变的地球 / 蓝灯童画著绘 . —— 兰州：甘肃科学
技术出版社，2021.4
ISBN 978-7-5424-2816-5

Ⅰ.①善… Ⅱ.①蓝… Ⅲ.①地球－普及读物 Ⅳ.
① P183-49

中国版本图书馆 CIP 数据核字 (2021) 第 061710 号

SHANBIAN DE DIQIU

善变的地球

蓝灯童画 著绘

项目团队　星图说

责任编辑　赵　鹏

封面设计　吕宜昌

出　版　甘肃科学技术出版社

社　址　兰州市城关区曹家巷1号新闻出版大厦　730030

网　址　www.gskejipress.com

电　话　0931-8125108（编辑部）0931-8773237（发行部）

发　行　甘肃科学技术出版社　　　印　刷　天津博海升印刷有限公司

开　本　889mm×1082mm　1/16　　印　张　3.5　字　数　24千

版　次　2021年10月第1版

印　次　2021年10月第1次印刷

书　号　ISBN 978-7-5424-2816-5　　定　价　58.00元

图书若有破损、缺页可随时与本社联系：0931-8773237

本书所有内容经作者同意授权，并许可使用

未经同意，不得以任何形式复制转载